ISBN 978-3-663-00829-3 ISBN 978-3-663-02742-3 (eBook)

DOI 10.1007/978-3-663-02742-3

Sonderabdruck aus den Berichten der Deutschen Botanischen Gesellschaft,
Jahrgang 1953, Band LXVI, Heft 10. Ausgegeben am 2. Februar 1954

51. S. Strugger: Über die Struktur der Proplastiden

(Aus dem Botanischen Institut der Universität Münster i. W.)

(Mit Tafel VIII und 6 Abbildungen im Text)

(Vorgetragen auf der Botanikertagung in Hamburg, August 1953)

Durch die Untersuchungen von SCHMITZ (1882) wurde die Kontinuität der Chromatophoren bei den Algen klar bewiesen. Nur bei höher organisierten Formen, welche Scheitelzellen besitzen, kann eine schwache Reduktion der Plastiden beobachtet werden, welche aber sicher nicht weitgehend ist.

Für die Phanerogamen wurde durch die Untersuchungen von MEYER (1883) und SCHIMPER (1883, 1885) die Lehre von der Kontinuität der Plastiden aufgestellt, nach welcher die Plastiden niemals de novo entstehen können. Sie bilden nach dieser klassischen Auffassung ein System „sui generis" und werden im Zuge der Entwicklung der embryonalen Gewebe in reduzierter Form von Zelle zu Zelle weitergereicht.

Durch die Untersuchungen von SCHERRER (1913, 1914) wurde die Kontinuitätslehre SCHIMPERS auch für die Bryophyten bestätigt. Im Zeitalter der Theorie der chondriosomalen Entstehung der Plastiden wurde für die Laubmoose von ALVARADO (1923) die Autonomie der Moosplastiden in Zweifel gezogen. KAJA (1954) hat erneut das Problem der Kontinuität der Plastiden bei den Laubmoosen bearbeitet. In den Scheitelzellen konnte er polygranuläre Chloroplasten beobachten, welche gegenüber den ausgewachsenen Zellen des Gametophyten etwas reduziert erscheinen. Sie sind flach scheibenförmig, besitzen nur eine Granalage, und die Zahl der Grana beträgt drei bis fünf. Auch in den sporogenen Zellen und in den Geschlechtszellen konnten ähnliche Plastiden beobachtet werden. Sie werden niemals pigmentfrei. Damit ist aber nicht nur erneut die Kontinuität der Plastiden bei den Bryophyten bestätigt worden, sondern darüber hinaus auch die Kontinuität der Grana für die Moose sichergestellt.

Als MEVES (1904) die Chondriosomen in den Pflanzenzellen nachweisen konnte, haben LEWITZKY (1910, 1911) und GUILLIERMOND (zusammenfassende Darstellung 1932) ernste Zweifel an der Richtigkeit der SCHIMPERschen Kontinuitätslehre geäußert. Der chrondriosomale Ursprung der Plastiden wird als wahrscheinlich angesehen. Diese Auffassung ist in der Weltliteratur bis in die jüngste Zeit hinein recht bedenkenlos übernommen worden.

Da in den letzten beiden Jahrzehnten die Analyse der Struktur der funktionstüchtigen somatischen Angiospermenchloroplasten große Fortschritte gemacht hat und ein hochgeordneter Bau der Chloroplasten (vgl. HEITZ 1936, 1937, STRUGGER 1951 und FREY-WYSSLING u. STEINMANN 1953) sichergestellt werden konnte, war es dringend notwendig geworden, die ontogenetische Entwicklung der Angiospermen-Plastiden und insbesondere die Struktur der in den Meristemen auffindbaren embryonalen Plastidenanlagen (Proplastiden) einer eingehenderen Untersuchung zu unterziehen.

Dieses Problem habe ich 1950 in Angriff genommen. Die zu überwindenden methodischen Schwierigkeiten waren groß. Die Problemstellung sei kurz geschildert:

Es sollte zunächst geprüft werden, ob die Kontinuitätslehre von SCHIMPER zu Recht besteht oder ob die Chondriosomentheoretiker richtiger als SCHIMPER beobachtet haben.

Zur Klärung dieser wichtigen Frage war eine Strukturanalyse an Proplastiden und Chondriosomen nötig. Die Ergebnisse habe ich in einer vorläufigen Mitteilung (1951) und in einer ausführlichen Arbeit (1954) niedergelegt. Sie betreffen zunächst nur die Verhältnisse in jungen Blättern von *Agapanthus umbellatus*. Die wichtigsten Beobachtungen sollen in aller Kürze referiert werden, da sie die Grundlage für die vorliegende Arbeit darstellen.

Vitaluntersuchungen an postmeristematischen Zellen junger Blätter ließen erkennen, daß die Proplastiden von den Chondriosomen klar unterschieden werden können. Die Chondriosomen sind kleiner und besitzen eine festere ovale bis stäbchenförmige Umrißform. Strukturelemente sind in ihnen nicht festzustellen.

Die Proplastiden sind größer, und ihre Gestalt ist in rascher Aufeinanderfolge amöboid veränderlich. Entweder sind in ihnen Stärkekörner oder gelegentlich auch Vakuolen in vivo nachweisbar.

Ergrünende Proplastiden lassen in einem farblos erscheinenden Stroma schwach grün pigmentierte scheibenförmige Einschlüsse in Ein- und Zweizahl erkennen.

Untersuchungen an Material, welches mit Osmiumsäure fixiert wurde, ließen nach Färbung mit Altmanns Säurefuchsin folgende Unterschiede zwischen Chondriosomen und Proplastiden deutlich werden. In allen Proplastiden von *Agapanthus* konnte völlig einheitlich eine Differenzierung in ein Stromaplasma und in ein primäres Granum sichergestellt werden. Das Stromaplasma ist amöboid formveränderlich, während das primäre Granum in der Regel in der Einzahl als kleines, mit Kernfarbstoffen stark färbbares Scheibchen in das Stromaplasma eingebettet ist. Die Chondriosomen färben sich nach Fixation homogen; niemals ist in ihnen eine Differenzierung in zwei verschiedene färbbare plasmatische Systeme zu sehen.

So erscheinen die Proplastiden von *Agapanthus* in den jungen Blattzellen als sehr reduzierte Gebilde, welche aus dem Stromaplasma und dem relativ fest geformten scheibchenförmigen Plasmasystem des primären aber pigmentlosen Granums bestehen. Diese Reduktion und die Notwendigkeit der Vermehrung der Proplastiden in den Meristemzellen wirft im Zusammenhange mit den Resultaten der Vererbungslehre und der Auffassung SCHIMPERS von der Kontinuität folgende Probleme auf.

Es besteht kein Zweifel, daß die Untersuchungen an *Agapanthus* die SCHIMPERsche Auffassung voll bestätigen. Eine Entstehung der Proplastiden aus Chondriosomen konnte durch keine meiner Beobachtungen wahrscheinlich gemacht werden. Man kann daher heute nicht mehr von der Problematik der Kontinuität der Plastiden sprechen, diese ist zugunsten der SCHIMPERschen Auffassung entschieden. Aber es ergibt sich ein neues Problem. Es ist die Frage zu stellen, ob das Stromaplasma und das Plasma des primären Granums kontinuierliche Systeme im Plastid darstellen und daher als Träger selbständiger, extranuklearer Erbanlagen angesehen werden dürfen.

Für die von mir aufgestellte Kontinuitätshypothese der beiden Plasmakomponenten der Proplastiden war die Auffindung des Teilungsmodus der Proplastiden von *Agapanthus* entscheidend. Ich konnte finden, daß die Proplastiden teilungsfähig sind. Zunächst erfährt das primäre Granumscheibchen eine identische Reproduktion. Nach seiner Verdoppelung weichen die beiden Tochterscheibchen auseinander, und es schnürt sich das amöboide Stroma bis zur Trennung der beiden Tochterproplastiden durch. Auch die Verteilung der Proplastiden an den Spindelpolen während der Kern- und Zellteilung wurde in vivo festgelegt.

Im Hinblick auf die Wichtigkeit dieser Fragen war es notwendig, die Beobachtungen an *Agapanthus* durch die Einbeziehung anderer Pflanzen zu bestätigen und die Methodik der Plastidenzytologie weiter zu vervollkommnen. Dabei mußte die methodisch sehr schwierige Untersuchung an Urmeristemzellen in den jüngsten Blattanlagen und im Vegetationskegel angestrebt werden.

Chlorophytum comosum (Thunb.) Bak. erwies sich in allen Geweben als günstigstes Untersuchungsobjekt. Die Proplastiden dieser Pflanze sind auch in den Meristemzellen relativ groß. Das Objekt ist im Verhältnis zu *Agapanthus* leichter fixierbar. Bei *Agapanthus* setzte der Stärkegehalt der Proplastiden in den meristematischen Geweben eine beinahe unüberwindliche Grenze für die Analyse der ohnehin schwer fixierbaren Urmeristemzellen. Bei *Chlorophytum* stellte es sich heraus, daß nur in bestimmten Stadien der Sproß- und Blattdifferenzierung die Proplastiden vorübergehend Stärke führen, während sie in den Meristemzellen stärkefrei sind. Das war für die Objektwahl der entscheidende Faktor.

Anfänglich habe ich auf Grund der Erfahrungen an *Agapanthus* die Fixation mit 2 %iger Osmiumsäure durchgeführt. Es stellte sich aber heraus, daß zwar die Proplastiden im Vergleich zu Lebendbeobachtungen sehr gut fixiert werden können, daß aber die Osmiumsäure nur in günstigsten Fällen in die Meristembezirke rasch genug eindringen konnte. In 500 Mikrotompräparaten konnte ich an Schnitten, welche mit reiner Osmiumsäure fixiert waren, die Gestalt und Struktur der Proplastiden in allen Stadien im Vergleich zur Lebendbeobachtung festlegen.

Es stellte sich aber bei weiteren Fixierversuchen heraus, daß bei *Chlorophytum* eine leichtere und bessere Fixation mit Hilfe des Gemisches von Lewitzky (85 ccm 10 %iges Formalin + 15 ccm 1 %ige Chromsäure) erreicht werden kann. Das erleichterte die Färbung der Präparate mit Säurefuchsin nach Altmann (Romeis 1948) sehr, und die Reproduzierbarkeit bei wiederholten Fixationsserien war eine sehr gute.

Junge Sproßenden wurden entsprechend präpariert. Mit einem scharfen Rasiermesser wurden die Vegetationskegel mit den Blattanlagen einmal längs halbiert. Dann erfolgte die Infiltration mit der Fixierflüssigkeit unter der Wasserstrahlpumpe. 24 Stunden blieben die Objekte im Dunkeln im Fixiermittel. Dann wurde 24 Stunden in fließendem Leitungswasser ausgewaschen. Die Einbettung in Paraffin und die Färbung der 4 μ dicken Schnittserien erfolgte nach den Angaben in meiner Arbeit (Strugger 1954). Bei der Differenzierung der Säurefuchsinfärbung läßt sich kein einheitliches Rezept geben. Urmeristeme erforderten eine stärkere Differenzierung als postmeristematische Gewebe. Das muß empirisch ermittelt werden. In der Regel ist die Differenzierung dann gut, wenn in den Kernen vornehmlich die Nukleolen und in den Proplastiden die Grana noch stark rot gefärbt erscheinen. Durch den Vegetationspunkt mit den Blattanlagen wurden die Schnitte immer in der Längsrichtung geführt.

Auch mit dem Gemisch von Lewitzky war nicht immer ein erfolgreiches Arbeiten möglich. Nur wenn das Fixiermittel rasch eindringt, was von unkontrollierbaren Faktoren abhängt, war die Fixation der Chondriosomen und der Proplastiden gut. Das wurde in allen Fixierversuchen mit voller Sicherheit im jungen Sproßabschnitt unterhalb des Vegetationskegels erreicht, weil dort schon ein Interzellularensystem gut ausgebildet ist. Auch die basalen Meristeme der jungen Blätter waren häufiger in guter Fixation zu finden. Dagegen machte die Fixation der Vegetationskegel sehr große Schwierigkeiten. Nach langen Bemühungen gelang es auch, gut fixierte Vegetationskegel zu erhalten, welche zur Analyse herangezogen werden konnten. Ich weise auf diese Schwierigkeiten hin, weil es von vornherein gesagt werden muß, daß eine Reproduktion der hier mitgeteilten Befunde mit einer mühevollen und nicht in 14 Tagen zu erledigenden Arbeit verbunden ist, besonders wenn keine Erfahrungen vorliegen.

Abb. 1 gibt eine Übersicht von einem medianen Längsschnitt durch einen Vegetationskegel von *Chlorophytum comosum*. Die Blattanlagen sind in verschiedenen Altersstadien getroffen. Untersucht wurde im wesentlichen die junge Sproßpartie unterhalb des Vegetationskegels (a). Diese Parenchymzellen haben postmeristematischen Charakter. Ferner wurden die voll teilungsfähigen Meristemzellen in den Blattanlagen (b) und die Urmeristemzellen im Vegetationskegel (c) analysiert.

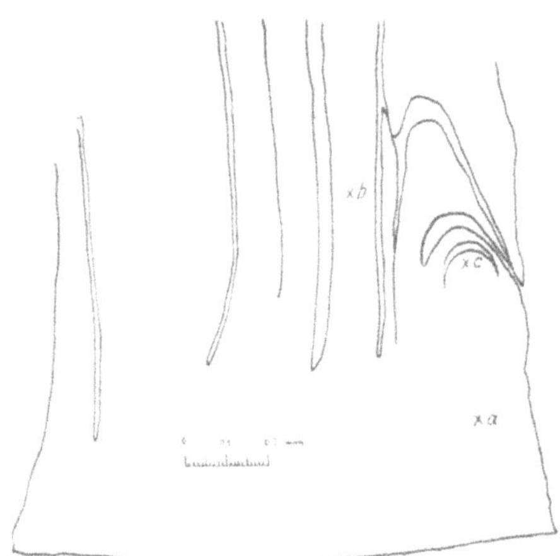

Abb. 1. Medianer Längsschnitt durch die Endknospe von *Chlorophytum comosum*. Zur Erleichterung des Eindringens des Fixiermittels wurde der Trieb mit einem Rasiermesser vor der Fixation längs halbiert. Rechts der Vegetationskegel und die jüngsten Blattanlagen, links die älteren Blattanlagen.

Die Stellen a, b, c zeigen die Regionen, in denen vornehmlich die Proplastiden studiert wurden. a: Junges in Differenzierung befindliches Sproßgewebe unterhalb des Vegetationskegels, b: Basales Blattmeristem, c: Urmeristem des Vegetationskegels

Es wurden nur solche Präparate ausgewertet, welche in den Zellen nicht geschrumpfte Protoplasten und erhaltene Chondriosomen und Proplastiden erkennen ließen. Präparate, welche einen schlechten Erhaltungszustand der Chondriosomen aufwiesen, wurden auch für die Untersuchung der Proplastiden verworfen, da alle bisherigen Erfahrungen darauf hinweisen, daß der Erhaltungszustand der Chondriosomen auch für die reelle Fixation der Proplastiden ein sehr guter Indikator ist.

Die postmeristematischen Parenchymzellen unterhalb des Vegetationskegels enthalten regelmäßig neben den kurz stäbchenförmigen Chondriosomen

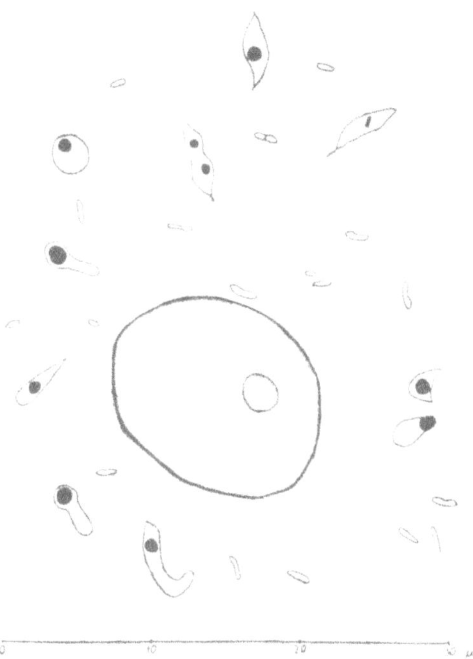

Abb. 2. Proplastiden, Chondriosomen und ein Zellkern, aus mehreren günstigen Stellen des jungen Sproßparenchyms (Abb. 1 a) mit dem Zeichenapparat herausgezeichnet

relativ große Proplastiden, welche im Vergleich zu den noch nicht differenzierten Meristemzellen schon etwas herangewachsen sind. Abb. 2 gibt maßstabgerechte Zeichnungen von Proplastiden, Chondriosomen und einem Kern im Vergleich wieder. Die Tafelfiguren 1 und 2 geben mikrophotographische Belege. Die Proplastiden haben eine Länge von durchschnittlich 3 μ. Die kleinsten waren 2 μ, die größten 7 μ lang. Die Breite betrug durchschnittlich 1,3 μ. Dagegen beträgt die durchschnittliche Breite der konstant stäbchenförmigen Chondriosomen etwa 0,8 μ, ihre Länge 1—1,4 μ.

Während in den Chondriosomen keinerlei Struktur zu erkennen ist, sind in den Proplastiden in völliger Übereinstimmung mit meinen Befunden an *Agapanthus* regelmäßig stark färbbare Gebilde eingelagert, welche meist in der Einzahl, seltener in der Zweizahl und gelegentlich in der Mehrzahl in einem Proplastid zu beobachten sind. Es handelt sich um die primären Grana, welche als stark färbbare Strukturelemente in das schwächer färbbare Stromaplasma eingelagert sind. Während das Stroma und damit die Umrißform der Proplastiden sehr formveränderlich ist, ist die Gestalt des primären Granums recht konstant. Meist erscheint es rund. In der Seitenansicht ist aber deutlich eine mehr oder weniger dicke Scheibe zu sehen. Figur 2 der Tafel läßt zwei Proplastiden erkennen, welche das Granum in beiden Ansichten enthalten. Der Scheibendurchmesser des Granums beträgt im Mittel 1 μ. Die beobachteten

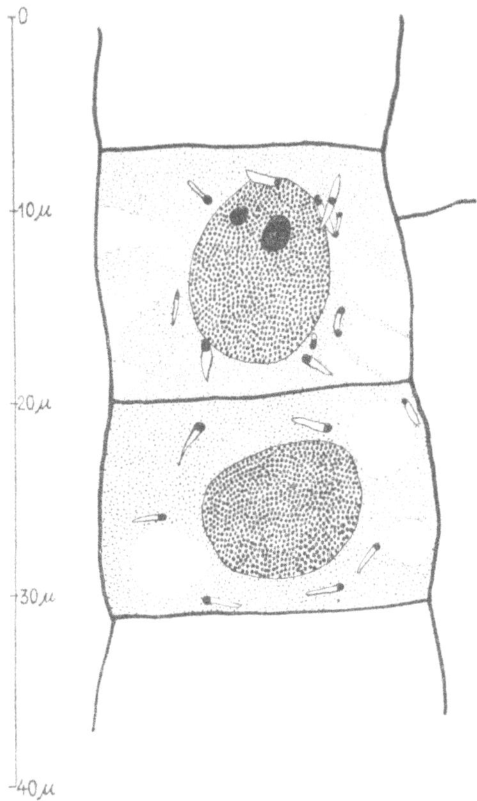

Abb. 3. Zellen des Blattmeristems (Epidermis Abb. 1 b), mit dem Zeichenapparat gezeichnet. Das Größenverhältnis zwischen der Zelle, dem Kern und den Proplastiden ist wiedergegeben

Größenschwankungen sind relativ gering, wenn man dieselben Zellsorten vergleicht. Das Stroma ist meistens stärkefrei, doch in der Nähe der Leitbündelanlagen konnten regelmäßig stärkeführende Proplastiden beobachtet werden. Dann ist im Stroma neben dem Granum die Einlagerung eines oder mehrerer Stärkekörner zu sehen, welche aber immer von einer dünnen, gut färbbaren Stromaplasmaschicht umhüllt sind. Wenn mehrere Stärkekörner eingelagert sind, so erscheinen die Proplastiden beinahe schaumig-wabig gebaut. Das primäre Granum konnte auch dann noch festgestellt werden. Tafelfigur 3 zeigt einen Ausschnitt aus dem Plasmawandbelag mit zahlreichen gut gefärbten

Chondriosomen. Der von mir schon an *Agapanthus* festgelegte Unterschied zwischen den Chondriosomen und den Proplastiden (1954) braucht wohl nicht mehr hervorgehoben zu werden.

Auch Teilungsstadien der Proplastiden konnte ich in dieser Sproßregion finden. Der Modus der Teilung ist nicht von dem für *Agapanthus* (1954) beschriebenen verschieden. Als erstes Anzeichen einer Teilung kann die Verdoppelung des Granums angesehen werden. Dann sind in den Präparaten Granascheibchen zu sehen, welche dicht parallel liegen, wenn man sie in der Seitenansicht auffindet. Später weichen die Tochtergrana auseinander, und das Stroma beginnt sich einzuschnüren. In Tafelfigur 4 ist ein solches fortgeschrittenes Teilungsstadium mikrophotographisch belegt. Größenmessungen an bigranulären Teilungsstadien ergaben im Vergleich zu den monogranulären Proplastiden immer höhere Werte. Der Längendurchschnitt monogranulärer Proplastiden war 3 μ. Bigranuläre Teilungsstadien waren im Mittel 6 μ lang. Die Breite der Proplastiden war in beiden Fällen gleich (1,3 μ). Es besteht sonach kein Zweifel, daß mit der Teilungsphase ein starkes Wachstum des Stromaplasmas verbunden ist.

Die Untersuchung der basalen Blattmeristeme (Abb. 1, b), welche in voller Teilungstätigkeit sind, brachte folgende Resultate.

Abb. 3 gibt eine Zeichnung von zwei Dermatogenzellen aus dem basalen Blattmeristem wieder. Die Zellen repräsentieren den voll teilungsfähigen, meristematischen Typus. Die kleinen Proplastiden sind meistens um den Zellkern gelagert, vereinzelt sind sie auch im übrigen Zellraume anzutreffen. Die längliche Gestalt herrscht vor. Das Stroma ist entweder an beiden Enden zugespitzt, oder der Umriß ist trommelschlegelförmig. Das hängt mit der Lage des stark färbbaren primären Granums zusammen. Liegt das primäre Granum an einem Pol, so resultiert die Trommelschlegelform. Liegt es in der Mitte, so sind sie spindelförmig. Die Länge der Proplastiden in den Meristemzellen der Blattanlagen beträgt durchschnittlich 2,5 μ. Ihre größte Breite im Bezirk des Granums im Mittel 0,7 μ. Die mittlere Breite des Granums beträgt etwa 0,6 μ. Die ausgezogenen Stromafortsätze sind immer bedeutend schmäler aber noch deutlich im Lichtmikroskop zu sehen. Auch hier sind Teilungsstadien aufzufinden, welche in der Regel hantelförmig sind. Ein Vergleich der mittleren Größenordnung der Proplastiden aus dem Blattmeristem und der Proplastiden aus den Postmeristemzellen des Sprosses zeigt, daß in den Blattmeristemen die Proplastiden wesentlich kleiner sind. Die Mikroaufnahmen der Tafelfiguren 5 und 6 geben einen Beleg für die Existenz der Proplastiden in den Blattmeristemen von *Chlorophytum* und für deren Differenzierung in ein Stroma und ein primäres Granum.

Während in der meristematischen Epidermis die Trommelschlegelform mit verhältnismäßig großen Grana vorherrscht, ist im meristematischen Blattmesophyll die Spindelform häufiger anzutreffen. Abb. 4 zeigt eine Reihe herausgezeichneter Proplastiden aus dem meristematischen Blattmesophyll. Einige Chondriosomen sind im Vergleich dargestellt. Abb. 5 zeigt eine meristematische Blattmesophyllzelle in Teilung. Die Metaphase ist erreicht. Vornehmlich an den Spindelpolen sind die Proplastiden so verteilt, daß nach erfolgter Zellteilung jede Tochterzelle ausreichend mit Proplastiden versorgt wird. Die Chondriosomen sind vorwiegend in der Äquatorialebene angereichert. Auch sie werden auf die Tochterzellen verteilt. Figur 7 der Tafel gibt eine Mikroaufnahme einer Blattmesophyllzelle wieder, welche sich in später Telophase befindet. Die Proplastiden sind an der Peripherie der Tochterkerne noch vorwiegend polar verteilt.

Dort, wo die Blattanlagen mit dem Sproß verbunden sind (vgl. Abb. 1), sind die Zellen nicht meristematisch. Die Proplastiden führen dann in diesen

Abb. 4. Proplastiden aus dem Mesophyll des basalen Blattmeristems. Drei Chondriosomen sind vergleichsweise eingezeichnet

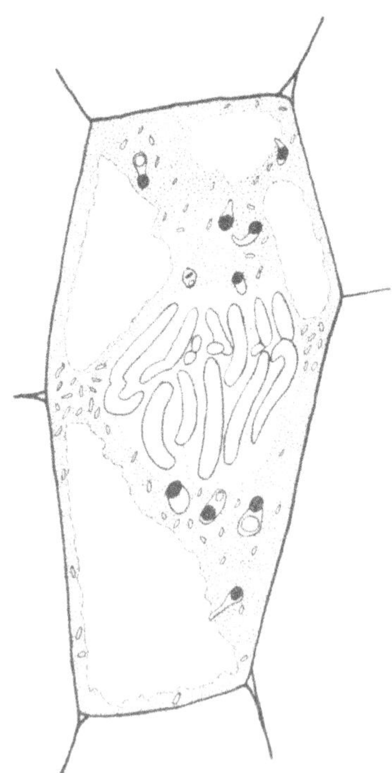

Abb. 5. Mesophyllzelle aus dem basalen Meristem einer jungen Blattanlage in der Teilung (Metaphase). Die Proplastiden sind polar verteilt, ebenso die Chondriosomen

Bezirken meistens große Stärkekörner. Tafelfigur 8 gibt einen mikrophotographischen Beleg vom Aufbau solcher amyloplastischer Proplastiden. In beiden Proplastiden ist ein großes Stärkekorn eingelagert. Der Nachweis ist polarisationsoptisch durchführbar. Das primäre Granum ist deutlich an einer Seite des Proplastids im etwas dickeren Stroma zu erkennen. Das Stromaplasma, welches im Gegensatz zur Stärke gefärbt ist, umgibt das große Stärkekorn mit einer feinen Haut.

Schließlich wurde die Frage nach der Existenz der Proplastiden in den Urmeristemzellen des Vegetationskegels bearbeitet.

Die Fixierungsschwierigkeiten waren groß. Nur in vereinzelten Fällen gelang eine befriedigende Fixation der halbierten Vegetationskegel. War die Fixation gut, so kam noch die große Schwierigkeit der mikroskopischen Beobachtung dazu. Die Urmeristemzellen des Vegetationskegels sind zum größten Teil vom Zellkern ausgefüllt. Nur ein relativ schmaler Plasmasaum ist zwischen der Wand und dem Kern sichtbar. Dieser ist mit Chondriosomen und Proplastiden in einem dichten Gewirr vollgefüllt. Es muß schon eine günstige Stelle gefunden werden, wenn ein Proplastid deutlich als Individuum beobachtet oder gar mikrophotographisch belegt werden soll. Auf Grund langer mühevoller Beobachtungen an vielen Mikrotomserien gelang es mir, den Beweis zu erbringen, daß im Urmeristem kleinere Proplastiden mit Stroma

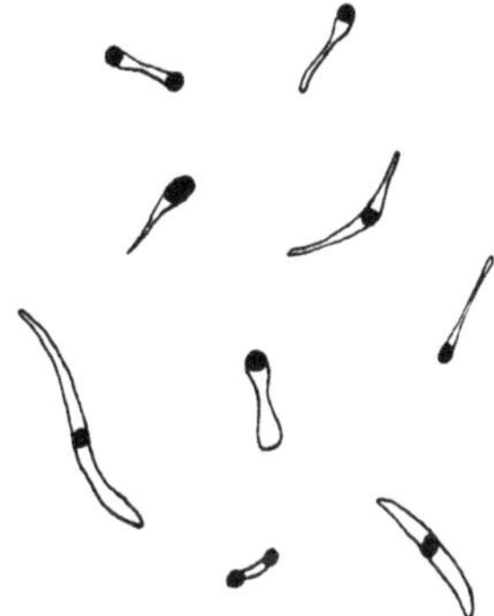

Abb. 6. Proplastiden aus dem Urmeristem des Vegetationskegels

und primärem Granum regelmäßig enthalten sind. Wie Abb. 6 zeigt, ähneln sie in ihrer Gestalt völlig denjenigen, welche im Blattmeristem aufgefunden wurden. Um die Größenordnungen darzulegen, sei ein Fall herausgegriffen· Durchmesser der Urmeristemzelle 15,5 μ, Durchmesser des Kernes 10 μ. Länge der Proplastiden im Mittel 1,8 μ. Ihre Breite beträgt im Mittel 0,4 μ. Die Breite des Granums liegt ebenfalls im Bereich von 0,4 μ. Figur 9 der Tafel belegt die Existenz der Proplastiden in einer Dermatogenzelle mikrophotographisch.

Durch die hier mitgeteilten Untersuchungen ist der Nachweis erbracht, daß auch in den Meristemzellen die Proplastiden die gleiche Struktur besitzen wie in den Postmeristemen. Die Blütenpflanzen haben in den Bildungsgeweben im Gegensatz zu den Bryophyten (vgl. Kaja 1954) eine starke Reduktion der Plastiden phylogenetisch erworben, was mit der strengen Sonderung in Bildungs- und Dauergewebe zusammenhängt. Diese Reduktion führt so weit, daß die Proplastiden nur mehr aus einem amöboid formveränderlichen Stromaplasma und aus dem in Einzahl eingeschlossenen Plasmakomplex des Primärgranums bestehen.

Diese Feststellung beweist aufs neue die Kontinuitätslehre Schimpers und widerlegt die Ansichten der Chondriosomentheoretiker. Eine weitere Diskussion der Theorie der eventuellen Abstammung der Chloroplasten von den Chondriosomen erübrigt sich. Dieses Problem hat nur mehr geschichtlichen Wert und steht nicht mehr zur Diskussion. Seitdem ich (1950) in meiner vorläufigen Mitteilung die Auffassung kurz ausgesprochen habe, daß sowohl dem Stromaplasma als auch dem Plasma des primären Granums eine morphologische Kontinuität zukommt, und somit beide Plasmasorten Träger des Plastidoms sein könnten, ist das Problem der lichtmikroskopisch wahrnehmbaren kontinuierlichen Elemente in den Plastiden aufgeworfen worden. Da dieser Fragenkomplex für den Fortgang der Forschung sehr wichtig ist, und Arbeitshypothesen immer anregend wirken, sollen die in der Literatur seit 1950 vertretenen Ansichten besprochen und mit den neuerarbeiteten Beobachtungen in Verbindung gebracht werden.

In der 4. Auflage seiner allgemeinen Biologie (1953) äußert sich Hartmann zu dieser Frage folgendermaßen: „Plastiden haben einen im wesentlichen lamellären Bau, und in den Primärlamellen von den bei Blütenpflanzen zum Teil winzigen Leukoplasten der Keimzellen muß die genetische Struktur voll enthalten sein. Die großen Chloroplasten sind (bei Blütenpflanzen) somatische Strukturen, die durch dreidimensionales Wachstum aus den Leukoplasten entstehen, und können so nur ein Vielfaches der gleichen Grundstruktur, nicht aber verschiedene Elemente enthalten." Die Auffassung Hartmanns, wonach in den Leukoplasten — (an Stelle dieses Terminus ist es besser, den Ausdruck Proplastiden zu verwenden, da ein Leukoplast ein somatisches Plastid ist, welches im Zuge der Differenzierung aus Proplastiden entsteht) — Primärlamellen vorkommen, bedarf einer näheren Diskussion.

Der lamellare Aufbau somatischer Chloroplasten ist heute nicht mehr zweifelhaft. Es ist für die Chromatophoren von niederen Pflanzen (Flagellaten, Algen) sogar sehr wahrscheinlich, daß durchgehende Lamellensysteme, welche auch die Pigmente in lipoidhaltigen Schichten führen, existieren. Wolken u. Schwertz (1953) haben sehr schöne Querschnittaufnahmen im Elektronenmikroskop von den Euglenachromatophoren angefertigt, welche klar zeigen, daß durchgehende Lamellen den Chromatophor aufbauen. Bei den Protisten kommt es aber nicht zu einer Reduktion. Die somatischen Chromatophoren sind auch teilungsfähig. Somit könnten z. B. bei *Euglena* die Lamellen durchaus als Träger genetisch wirksamer Strukturen aufgefaßt werden.

Bei den Blütenpflanzen dagegen beherrscht ein stark differenzierter Granabau die Architektur des somatischen Chloroplasten. Ich habe (1951) die Ansicht vertreten, daß die Grana auf Trägerlamellen angeordnet sind und somit ein durchgehender Lamellenbau wahrscheinlich ist. Diese Frage ist aber noch kontrovers (vgl. Frey-Wyssling u. Steinmann 1953). Da aber bei den Blütenpflanzen in der Embryonalphase — und nur diese ist für die Diskussion kontinuierlicher, genetisch wirksamer Strukturen heranzuziehen — die Proplastiden als stark reduzierte Gebilde erscheinen, welche sicherlich keinen durchgehenden Lamellenbau erkennen lassen (dagegen spricht schon eindeutig die Amöboidie des Stromas), so könnte sich der Begriff „Primärlamelle“ HARTMANNS bei den Proplastiden der Blütenpflanzen nur auf das primäre Granum beziehen. In der Tat wissen wir, daß die Sekundärgrana aus submikroskopischen Lamellen aufgebaut sind (FREY-WYSSLING u. MÜHLETHALER 1949). Da auch das Primärgranum im Zuge des Ergrünens Chlorophyll führen kann und nach den polarisationsoptischen Befunden BÖINGS (1954) eine Doppelbrechung in Seitenansicht zeigt, so ist es erlaubt, auch für das scheibchenförmige Primärgranum einen submikroskopischen Lamellenaufbau anzunehmen. Da aber die Primärgrana relativ große, lichtmikroskopisch leicht zu beobachtende Plasmakomplexe sind, so kann mit Sicherheit gefolgert werden, daß sie auch im Proplastid der embryonalen Zellen aus vielen Schichtenlagen aufgebaut sind, die sich in gleicher Zusammensetzung periodisch wiederholen. Die identische Reduplikation des Primärgranums ist durch Beobachtung sichergestellt. Sie muß demnach durch eine identische Reduplikation der submikroskopischen Lamellenlagen beim Wachstum des Proplastidenplasmas vorbereitet werden, und der eigentliche Teilungsvorgang wäre dann nur eine Trennung gleichartiger Schichtenkomplexe in der Scheibchenebene.

Im Proplastid der Blütenpflanzen kann es sich somit beim Aufsuchen der von HARTMANN als „Primärlamellen“ bezeichneten Träger genetischer Strukturen nicht um durch das ganze Proplastid hindurchreichende Elementarlamellen handeln, sondern nur um die lamellaren Grundbausteine des primären Granums, welches schon einen größeren Duplikantenkomplex darstellt.

Es erscheint daher als nicht verfrüht, auf Grund unserer bisherigen zytologischen Kenntnisse für die Photosynthese die lamellaren Bausteine des Primärgranums als die Träger kontinuierlicher, genetisch wirksamer Strukturen anzusehen.

Auch das Stromaplasma ist morphologisch als kontinuierliches System erkannt (STRUGGER 1953). Physiologisch erfüllt es die Funktion der Zuckerkondensation zu Stärke; andere Funktionen sind uns bislang unbekannt. Da aber kein anderes Plasmasystem der Pflanzenzelle Stärke aus Zucker aufbauen kann, muß als Arbeitshypothese auch das Stromaplasma als ein kontinuierliches, genetisch wirksames System angesprochen werden.

Eine weitere Diskussion der Frage nach dem Sitz genetischer Strukturen ist aber nach dem heutigen Stande der Forschung sicher unerlaubt und zweifellos verfrüht.

Schließlich muß ich noch auf die Arbeit von HEITZ u. MALY (1953) eingehen, welche eine andere Auffassung vertreten.

Beide Autoren prüfen die Angaben in meiner vorläufigen Mitteilung vor dem Erscheinen meiner ausführlichen Agapanthusarbeit nach. Da sie aber mit meiner Methodik nicht gearbeitet haben, kommen sie zu anderen Resultaten, und es erscheint mir wichtig, hier sachlich auch meinen Standpunkt zu ihren Ergebnissen und Ansichten zu vertreten.

Mit Hilfe der Vitalfärbung mit Rhodamin B gelang es den beiden Autoren nicht, in den postmeristematischen Zellen von Agapanthusblättern ein primäres Granum als Einschluß der Proplastiden zu beobachten. Das gelingt an jungen, noch wachsenden Zellen sicher nicht, weil das Rhodamin B in solche Zellen nicht eindringt (vgl. STRUGGER 1936).

An Flächenschnitten von jungen Blättern in der Zone des ersten Ergrünens wurden die Proplastiden fluoreszenzmikroskopisch untersucht. Fluoreszenzmikroskopische Analysen an einem so schwierigen Objekt sind aber nach meinen Erfahrungen hinsichtlich der Strukturaufklärung primär als ungeeignet anzusehen. Die Ergebnisse sind dabei folgende: Es werden zwei verschiedene Stadien der Plastiden beschrieben. 1. Jungchloroplasten, welche nur ein diffus fluoreszierendes Stroma aufweisen. 2. Jungchloroplasten, welche ein punktförmiges Gebilde enthalten, das stark rot fluoresziert und demnach Chlorophyll enthält.

Im ersteren Falle wird geschlossen, daß die Jungchloroplasten kein primäres Granum enthalten. Im zweiten Falle ist das chlorophyllführende Gebilde wohl identisch mit meinem Primärgranum. In fortgeschritteneren Stadien der Metamorphose im ergrünenden Blattgewebe werden auch Jungchloroplasten beschrieben, welche im Fluoreszenzmikroskop mehrere Grana erkennen lassen. Die Größe der Grana kann dabei verschieden sein.

Andere Methoden werden von HEITZ u. MALY zur Analyse nicht herangezogen.

Daraus werden folgende Schlüsse abgeleitet:

Die Proplastiden enthalten vor dem Ergrünen kein Primärgranum. Dieses wird erst im Zuge der Ergrünungsmetamorphose gebildet, wobei es aus dem Stromaplasma neu entstehen soll und dabei auch verschiedene Granagrößen bei fortschreitender Metamorphose ausgebildet werden. Eine identische Reduplikation des Primärgranums wird scharf abgelehnt. Die Frage nach der Zuordnung der theoretisch zu fordernden genetisch wirksamen Struktur zu lichtmikroskopisch erkennbaren Elementen des Plastids wird folgendermaßen diskutiert. Nur das Stroma und die Plastidenhaut sind immer vorhanden. Die Grana entstehen erst aus dem Stroma bei der Metamorphose. „Die Zuordnung einer Struktur mit genetischer Kontinuität zu einem der bekannten Bauelemente der Plastiden ist verfrüht."

Dazu muß auf Grund des bisher erarbeiteten Beobachtungsmaterials folgendes gesagt werden:

Das generelle Vorkommen eines primären Granums in den Proplastiden der Gymno und Angiospermen ist inzwischen durch die allein geeignete Fixations- und Färbemethode als erwiesen anzusehen. Da die fluoreszenzmikroskopische Beobachtung an chlorophyllfreien Proplastiden nicht zur Entscheidung dieser Frage herangezogen werden kann, ist auch den Folgerungen von HEITZ u. MALY keine Beweiskraft zuzusprechen.

Da inzwischen von mir (1954) und in der vorliegenden Arbeit, ferner von BÖING (1954), GRAVE (1954) an den Proplastiden von *Agapanthus* und *Helodea* das allgemeine und gesetzmäßige Vorkommen eines Primärgranums im amöboiden Stroma voll bestätigt wurde, und außerdem BARTELS (1954) in den Leukoplasten der Wurzeln ebenfalls das Vorkommen des Primärgranums bestätigte, kann der Schluß von HEITZ u. MALY über das sekundäre Auftreten des Primärgranums nicht mehr aufrechterhalten bleiben.

Die von HEITZ u. MALY berührte Frage der Entstehung der sekundären Granastruktur soll hier nicht diskutiert werden, da zwei Arbeiten (GRAVE 1954 und BÖING 1954) darüber bald erscheinen werden. Es hat sich dabei herausgestellt, daß das Primärgranum immer der Ausgangspunkt der sekundären Granabildung ist, daß aber verschiedene Modi vorkommen.

HEITZ u. MALY sind von der Tatsache, daß Grana verschiedener Größe im Zuge der ersten Metamorphoseschritte auftreten können, so tief beeindruckt, daß sie diese Beobachtungstatsache als Beweisgrund gegen das Vermögen zur identischen Reproduktion der primären Grana ins Feld führen. Jedoch erscheint mir dieser Einwand nicht völlig gerechtfertigt zu sein. Das Granum ist ein wachstumsfähiger Plasmakomplex. Ein Wachstum in der Fläche braucht aber nicht die Teilungsfähigkeit der Granascheiben unmöglich zu machen. Das führt uns zur Diskussion über die Frage der Teilungsfähigkeit des primären Granums.

Da können nur Beobachtungstatsachen sprechen. 1954 habe ich den Teilungsvorgang der Proplastiden an Mikrotompräparaten erstmalig beschrieben. Inzwischen sind diese Befunde durch BÖINGS Untersuchungen (1954) in vivo bestätigt worden. Damit ist aber auch die Ablehnung der Teilungsfähigkeit des primären Granums durch eine Erstbeobachtung und eine Bestätigung widerlegt.

Die morphologische Kontinuität des Stromaplasmas und des Granumplasmas ist beobachtet. Im Bereich der Meristeme allein muß dieses Problem untersucht werden. Bei der somatischen Differenzierung (Metamorphose SCHIMPERS) ist es völlig gleichgültig, ob die Sekundärgrana durch Teilung in mikroskopischen Dimensionen oder durch Zerteilung in submikroskopischen Dimensionen (etwa Zerfall in die Elementarlamellen und somit diffuse Rotfluoreszenz des ganzen Jungchloroplasten) gebildet werden. Das berührt das Kontinuitätsproblem im Bildungsgewebe nicht, hängt aber freilich damit zusammen.

Zur weiteren Erhellung der noch offenstehenden Fragen wird noch viel Detailarbeit notwendig sein. Wir stehen zweifellos erst am Anfang unserer Kenntnisse auf diesem so lange vernachlässigten Gebiete. Das Werk SCHIMPERS wird dadurch weitergeführt. Das Endziel ist der Anschluß an die Genetik.

Zusammenfassung der Ergebnisse

1. Es gelingt sowohl durch Fixation mit 2 %iger Osmiumsäure als auch mit dem Gemisch von LEWITZKY, die Proplastiden in den jungen Geweben von *Chlorophytum comosum* nach Färbung mit Säurefuchsin nach ALTMANN im Vergleich zu den Chondriosomen im gut erhaltenen Zustande zu untersuchen.

2. In den postmeristematischen Zellen der Achse unterhalb des Vegetationskegels und in den Blattanlagen sind die Proplastiden leicht zu finden. Sie bestehen wie bei *Agapanthus* aus einem amöboiden Stroma und aus einem scheibchenförmigen, sehr stark färbbaren primären Granum. Meine Angaben über den Teilungsmodus der Proplastiden an *Agapanthus* konnte ich auch an *Chlorophytum* voll bestätigen. Führt ein Proplastid Stärke, so entsteht das Stärkekorn im Stromaplasma. Dieses umspannt dann das Stärkekorn als dünne Haut. Das primäre Granum ist auch in den amyloplastischen Proplastiden konstant nachweisbar.

3. In den Blattmeristemen, welche in voller Teilungstätigkeit sind, konnten die Proplastiden aufgefunden werden. Sie bestehen aus einem Stroma und in der Regel, wenn nicht Teilungsstadien vorliegen, aus einem Granum. Die Verteilung der Proplastiden im Zuge der Kern- und Zellteilung wurde studiert.

4. In den Scheitelzellen des Vegetationskegels wurden die Proplastiden nach Überwindung großer Fixier-, Färbe- und Beobachtungsschwierigkeiten festgestellt. Auch sie bestehen aus einem Stroma und einem primären Granum, sind meist hantel- oder spindelförmig und kleiner als in den postmeristematischen Zellen.

5. Die Kontinuitätslehre Schimpers wird erneut bestätigt. Die Theorie von der chondriosomalen Entstehung der Plastiden muß abgelehnt werden. Sie beansprucht nur mehr historisches Interesse.

6. Dagegen ist das Problem kontinuierlicher, lichtmikroskopisch wahrnehmbarer Plasmasysteme in den Plastiden der Spermatophyten zur Diskussion gestellt. Es wird der Versuch unternommen, im Zusammenhange mit den in der Literatur auffindbaren Meinungen eine Arbeitshypothese über die Zuordnung genetisch wirksamer Konstituenten (Plastidogene) zu den lichtmikroskopisch unterscheidbaren Elementarstrukturen des Proplastids aufzustellen.

Literatur

Alvarado, S., 1923: Die Entstehung der Plastiden aus Chondriosomen in den Paraphysen von *Mnium cuspidatum*. Ber. d. Dt. Bot. Ges. **41**, **85**.

Bartels, F., 1954: Studien an Leukoplasten der *Vicia Faba*-Wurzeln. Dissertation Münster (noch unveröffentlicht).

Böing, J., 1954: Beiträge zur Entwicklungsgeschichte der Chloroplasten. Dissertation Münster (im Druck).

Frey-Wyssling, A. und Mühlethaler, K., 1949: Über den Feinbau der Chlorophyllkörner. Vierteljschr. d. Naturf. Ges. Zürich **94**, 179.

— — und Steinmann, E., 1953: Ergebnisse der Feinbau-Analyse der Chloroplasten. Vierteljschr. d. Naturf. Ges. Zürich **98**, 20.

Grave, G., 1954: Studien über die Entwicklung der Chloroplasten bei *Agapanthus umbellatus*. Dissertation Münster (noch unveröffentlicht).

Guilliermond, A., 1932: La structure de la cellule végétale: Les inclusions du cytoplasme et en particulier les chondriosomes et les plastes (Sammelreferat). Protoplasma **16**, 291.

Hartmann, M., 1953: Allgemeine Biologie. 4. Aufl. Stuttgart.

Heitz, E., 1936: Gerichtete Chlorophyllscheiben als strukturelle Assimilationseinheiten der Chloroplasten. Ber. d. Dt. Bot. Ges. **54**, 362.

— —, 1937: Untersuchungen über den Bau der Plastiden I. Die gerichteten Chlorophyllscheiben der Chloroplasten. Planta **26**, 134.

— — und Maly, R., 1953: Zur Frage der Herkunft der Grana. Ztschr. f. Naturforschung **8 b**, 243.

Kaja, H., 1954: Untersuchungen über die Entwicklung und Struktur der Moosplastiden. Dissertation Münster (im Druck).

Lewitzky, G., 1910: Über die Chondriosomen in pflanzlichen Zellen. Ber. d. Dt. Bot. Ges. **28**, 538.

— —, 1911: Die Chloroplastenanlagen in lebenden und fixierten Zellen von *Elodea canadensis* Rich. Ber. d. Dt. Bot. Ges. **29**, 697.

— —, 1911: Vergleichende Untersuchungen über die Chondriosomen in lebenden und fixierten Pflanzenzellen. Ber. d. Dt. Bot. Ges. **29**, 685.

Meves, F., 1904: Über das Vorkommen von Mitochondrien bzw. Chondromiten in Pflanzenzellen. Ber. d. Dt. Bot. Ges. **22**, 284.

Meyer, A., 1883: Das Chlorophyllkorn in chemischer, morphologischer und biologischer Beziehung. Leipzig.

Renner, O., 1934: Die pflanzlichen Plastiden als selbständige Elemente der genetischen Konstitution. Ber. math.-phys. Kl. Sächs. Akad. Wiss. Leipzig **86**, 241.

Romeis, B., 1948: Mikroskopische Technik. München.

SCHERRER, A., 1913: Die Chromatophoren und Chondriosomen von *Anthoceros.* Ber. d. Dt. Bot. Ges. **31,** 493.

— —, 1914: Untersuchungen über Bau und Vermehrung der Chromatophoren und das Vorkommen von Chondriosomen bei *Anthoceros.* Flora **107,** 1.

SCHIMPER, A. F. W., 1883: Über die Entwicklung der Chlorophyllkörner und Farbkörper. Bot. Ztg. **41,** 105, 121, 137, 153.

— —, 1885: Untersuchungen über die Chlorophyllkörper und die ihnen homologen Gebilde. Jahrb. f. wiss. Bot. **16,** 1.

SCHMITZ, F., 1882: Die Chromatophoren der Algen. Verhandl. naturw. Verein. Rheinland u. Westf. **40.**

STRUGGER, S., 1936: Weitere Untersuchungen über die Vitalfärbung der Plastiden mit Rhodaminen. Flora **131,** 324.

— —, 1950: Über den Bau der Proplastiden und Chloroplasten. Naturwissenschaften **37,** 166.

— —, 1951: Die Strukturordnung im Chloroplasten. Ber. d. Dt. Bot. Ges. **64,** 69.

— —, 1954: Die Proplastiden in den jungen Blättern von *Agapanthus umbellatus* L'Hérit. Protoplasma (im Erscheinen).

WOLKEN, J. J., and SCHWERTZ, F. A., 1953: Chlorophyll monolayers in chloroplasts. Journ. Gen. Physiol. **37,** 111.

Erklärung zu Tafel VIII

Alle Aufnahmen wurden an Mikrotomlängsschnitten durch die Endknospe von *Chlorophytum comosum* hergestellt. Das Objekt wurde mit dem Gemisch nach LEWITZKY fixiert und nach Paraffineinbettung mit Säurefuchsin nach ALTMANN gefärbt. Die verwendete Optik war folgende: Ortholux-Mikroskop von Leitz, Variokolorkondensor mit zusätzlichem Grünfilter. Fluoritimmersion $^1/_{16}$ n. A. 1,32, Photookular 9 ×. Leica-Miflex. Vergrößerung 1100 ×.

Abb. 1. Proplastid aus dem jungen Sproßparenchym unterhalb des Vegetationskegels. Ein großes primäres Granum im amöboiden Stroma

Abb. 2. Zwei Proplastiden aus dem jungen Sproßparenchym unterhalb des Vegetationskegels. Das untere Proplastid läßt das primäre Granum in der Seitenansicht, das obere in der Flächenansicht erkennen. Das primäre Granum hat die Form eines Scheibchens

Abb. 3. Wird mit Säurefuchsin stärker eingefärbt, so heben sich in den Sproßparenchymzellen unterhalb des Vegetationskegels die Chondriosomen stark hervor. Da die Schnitte 4 μ dick sind, ist der Zellkern angeschnitten

Abb. 4. Ausschnitt aus einer jungen Sproßparenchymzelle unterhalb des Vegetationskegels. Neben dem Kern ist ein bigranuläres Teilungsstadium eines Proplastids zu sehen. Daneben gegen den Kernrand hin einige Chondriosomen

Abb. 5. Ausschnitt aus einer Zelle des Mesophylls des basalen Meristems einer Blattanlage. Oberhalb des Kernes sind zwei Proplastiden scharf eingestellt

Abb. 6. Dasselbe wie in Abb. 5. Ein trommelschlegelförmiges Proplastid mit primärem Granum und Stroma ist links oben vom Zellkern scharf eingestellt

Abb. 7. Eine Epidermiszelle des basalen Meristems einer Blattanlage. Die Zelle teilt sich (Telophase). Die polare Verteilung der Proplastiden, welche um den Kernrand gelagert sind, ist deutlich zu erkennen

Abb. 8. Zwei amyloplastische Proplastiden aus dem postmeristematischen Mesophyll einer Blattanlage. In jedem Proplastid ist ein großes Stärkekorn entwickelt. Dieses ist von der deutlich durch Färbung hervorgehobenen Stromahülle umgeben. An einer Seite liegt im Stroma je ein primäres, stark färbbares Granum

Abb. 9. Scheitel des Vegetaionskegels. In einer Dermatogenzelle (oben rechts) ist ein Proplastid scharf eingestellt

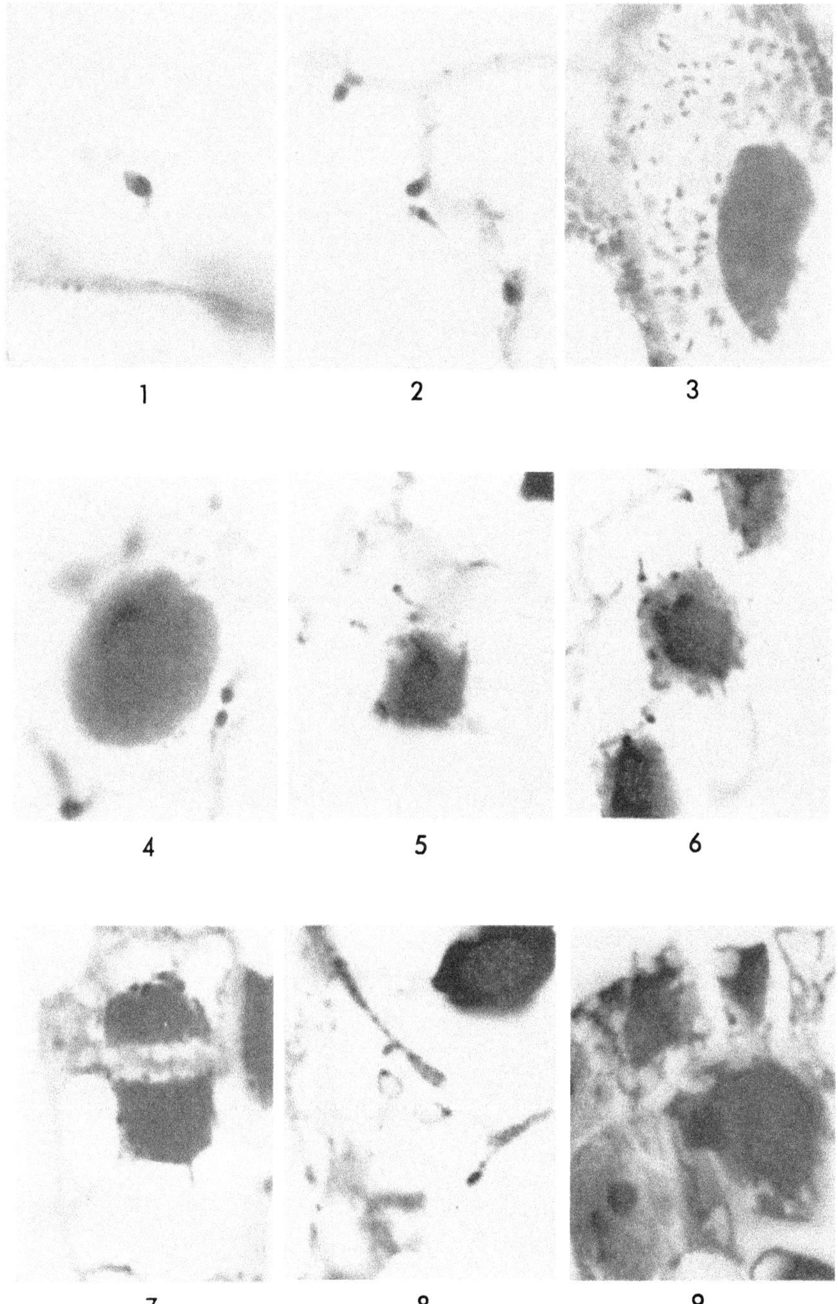
1
2
3
4
5
6
7
8
9

GPSR Compliance
The European Union's (EU) General Product Safety Regulation (GPSR) is a set of rules that requires consumer products to be safe and our obligations to ensure this.

If you have any concerns about our products, you can contact us on

ProductSafety@springernature.com

In case Publisher is established outside the EU, the EU authorized representative is:

Springer Nature Customer Service Center GmbH
Europaplatz 3
69115 Heidelberg, Germany

www.ingramcontent.com/pod-product-compliance
Ingram Content Group UK Ltd.
Pitfield, Milton Keynes, MK11 3LW, UK
UKHW021927190726
13853UKWH00002B/885

* 9 7 8 3 6 6 3 0 0 8 2 9 3 *